全家爱吃
快手健康营养餐

4种食材搞定
烘焙甜品

[法]卡洛琳·费雷拉 编著 / 张蔷薇 译 / 艾默里·舍曼 摄影

中国农业出版社
CHINA AGRICULTURE PRESS
北 京

前言
Préface

我们既不是烘焙高手，也不会经常有时间去准备精致的甜品。

无论如何，本书可以让你仅用4种常见食材就实现甜品的制作，而且还不会觉得无趣！

事实上，你只需要改变食材的质地和口味，就可以将简单的甜品变成幸福的美味。

重新去发现松脆、软糯、醇厚、奶油状甜品的趣味，甚至可以用新鲜水果、香缇奶油、蛋白酥、巧克力、饼干制成冰淇淋……所有的食材都很容易找到，对于很多人而言，这些食材可能已经存在于你的橱柜里了！

无论季节或喜好如何，你都可以根据自己的需要调整食谱并找到属于自己的那份快乐。

你无需担心如何款待受邀的客人：你可以用美味的甜品来招待他们，既没有压力，也没有无尽的购物清单！

目录
Sommaire

冰爽类甜品

拓展

理想的橱柜 *Le placard idéal*

糖
Sucre

柠檬凝乳
Lemon curd

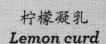

水果
Fruits

酸奶
Yaourt

蛋白酥
Meringues

大米
Riz

焦糖果仁碎
Pralin

鸡蛋
Œufs

冰淇淋和果汁冰糕
Glaces et sorbets

巧克力
Chocolat

坚果
Fruits secs

鲜奶油
Crème fleurette

香草
Vanille

油酥饼和其他饼干
Sablés et biscuits

理想的橱柜
Le placard idéal

　　用4种原料来实现美味可口的甜品，这是一项挑战吗？就简单快速的甜品烹饪而言，我们不用掌握高级糕点的制作方法，只需要基于常见的食材，巧妙地将纹理和味道相结合就可以了。纵使你不是糕点大师，也没有装满高端食材的橱柜，但你依然可以让你的家人为之惊艳或感受品尝的乐趣。这里列出了使用4种原料成功制作甜品的必不可少的原料清单。

基础原料 / **ingrédients de base**

糖 / Sucre

白色的甘蔗糖或糖粉，是本书甜品制作中最通用、最基础的食材之一。

酸奶 / Yaourt

用牛奶、山羊奶或羊奶，甚至植物制作而成。在制作甜品的过程中，选择你个人最喜欢的酸奶能够给以水果为基础的甜品带来新鲜和醇厚的口感。

大米 / Riz

使用大米可以制作出更好的牛奶米布丁。质量好的大米在烹饪过程中可以更好地保持它的口感和性状。同时，也可以使用木薯粉（西米）代替。

水果 / Fruits

可以根据时令来选择制作甜品的水果，那些根据时令选择的水果更新鲜且更优质。如果想更好地滋润皮肤，请挑选那些成熟的有机水果。

鲜奶油 / Crème fleurette

在各式奶油中，鲜奶油常常被用来制作香缇奶油，是甜品轻盈、细腻、美味口感的重要来源。

巧克力 / Chocolat

除了薄片的、碎块的和熔岩巧克力，巧克力并没有很多其他的形式可以选择。但可根据你的个人喜好选择不同口味的巧克力，如黑巧克力、牛奶巧克力、白巧克力或是风味巧克力(焦糖白巧克力、榛仁巧克力等)。

坚果 / Fruits secs

核桃仁、榛仁、杏仁、碧根果仁、腰果仁……这些美味可口的果仁能够为甜品带来清脆爽口的体验。

鸡蛋 / Œufs

鸡蛋是制作烘焙奶油必不可少的一种食材，还可用于制作既香软又意式的蛋白酥（正如在柠檬蛋白塔上所展示的那样），如果将蛋白酥放在烤箱里烤，则会更加松脆！

加工成品 / **Produits malins**

想要成功制作只有4种原料的甜品，还需要使用以下已经加工完成的产品：

柠檬凝乳 / Lemon curd

或使用其他食材，如果酱、焦糖、栗子奶油酱，这些食材可以搭配香缇奶油或酸奶，带来美妙的食物体验。

焦糖果仁 / Pralin

焦糖果仁由烘炒好的焦糖、坚果仁混合制成，这种搭配就是酥脆美味的坚果酥，也可在市场上的甜品店找到此类产品。

蛋白酥 / Meringues

蛋白酥可以在超市或面包店里买到，可将它们压碎后使用。蛋白酥能带来清脆、细腻的口感以及对糖的美好体验。

冰淇淋和果汁冰糕 / Glaces et sorbets

世间有这么多的美味，如果剥夺了享用的权利，这将是多么大的遗憾！伴随着季节的交替，在餐后一刻，将冰淇淋以不同的形状摆放在甜品上，可以带来一种独特新鲜的味觉体验。

油酥饼和其他饼干 / Sablés et biscuits

这一系列产品提供了一个广泛的可选范围，可以根据自己的喜好做出选择，如原味的、香脆的、松脆的、酥脆的……然后，你可以保留整个饼干，或将它们压碎、搅拌成粉以得到更适合的口感和质地。对于用少量原料制作的甜品而言，普通面团、酥面团、酥皮派面团也是非常实用的。

松脆软糯类甜品
Les crousti-fondants

当然，丰富的口味是甜品成功的关键之一。

可如果没有纹理、质地这一关键点，你的甜品就会平淡无奇。

没有什么能够比一块中间放了香缇奶油的松脆蛋白酥或是填充了软
糖馅料的酥脆甜品更能让人惊艳的了……

当你有机会制作这些甜品时，

为了更好地保持甜品的纹理和质地，应直至最后一刻再去准备甜品。

（如果你过早地准备那些香脆的成分，

那么这些成分将有可能不再香脆了……）。

蛋白4个

糖270克

覆盆子250克

全脂稀奶油200毫升

覆盆子帕芙洛娃蛋糕
PAVLOVA
AUX FRAMBOISES

4～6人份

准备时间：20分钟·烘焙时间：1小时30分钟

首先，烤箱预热至100℃（调节档为3～4档）。将200克糖分多次加入蛋白中进行打发，蛋白需打发至提起时有坚挺平滑的纹路（不断裂）。

然后，在铺好油纸的烤盘上用打发好的蛋白霜制作数个鸟巢造型，并放入烤箱烘烤1小时30分钟。烘烤结束后，取出烤好的蛋白酥，放至冷却。

在蛋白酥冷却期间，将100克覆盆子、20克糖和2汤勺冷水榨汁混合后，过滤出覆盆子酱待用。

接下来，将剩余的50克糖慢慢加入奶油中打发，打发至奶油霜纹路坚实，即为香缇奶油。

最后，将冷却的蛋白酥搭配上香缇奶油、覆盆子酱和整颗的覆盆子，即可享用。

++

帕芙洛娃蛋糕，中文名为鲜奶油蛋白甜霜蛋糕，据说是20世纪初，一位澳洲的蛋糕师受到俄罗斯芭蕾舞演员安娜·帕夫洛娃的舞蹈的启发，创作出了这款以帕夫洛娃的名字命名的甜品。

熟桃子6个

常温黄油140克

甘蔗糖100克

面粉170克

桃子酥皮甜点
CRUMBLE
À LA PÊCHE

4～6人份

准备时间：20分钟·烘焙时间：35～40分钟

首先，将桃子洗净，并根据个人喜好将桃子削皮或保留果皮，桃子果肉切块。烤箱预热至180℃（调节档6档）。

然后，将黄油切块，用手将块状黄油、糖、面粉进行搅拌混合，直至呈现略湿润的沙粒状。

最后，将桃子果肉放入烤盘中，在上面撒上黄油酥粒，入烤箱烘烤35～40分钟。

红醋栗125克

蛋白2个

糖粉125克

杏仁若干

红醋栗杏仁香味蛋白酥
MERINGUES PARFUMÉES
AUX GROSEILLES ET AUX AMANDES

20个蛋白酥的量

准备时间：15分钟·烘焙时间：1小时30分钟

首先，将蛋白搅拌至雪花状，其间，分多次加入糖粉，直至蛋白霜打发至坚挺状。

然后，将蛋白霜分成数份放在铺有油纸的烤盘上，并装饰上果粒和杏仁碎。

最后，将装饰好的蛋白霜放入烤箱，烘烤1小时30分钟。烘烤完成后将烤箱门敞开，待其自然冷却。

巧克力果仁糖60克

香蕉2根（切片）

碧根果仁2汤勺

油酥面团2个

香蕉果仁糖碧根果馅饼
PETITES TOURTES
BANANE, PRALINÉ ET PÉCAN

6份小馅饼

准备时间：20分钟·烘焙时间：25分钟

首先，将烤箱预热至190℃（调节档6～7档）。将果仁糖切成小块。

香蕉去皮并切成圆片，与果仁糖碎和碧根果仁混合在一起做成配馅。

将油酥面团切成12个圆片，再将配馅儿分别放到6个圆片中间，并把圆片的四周用少许水沾湿，再将剩余的6个圆片分别覆盖在上面。

最后，用叉子将边缘处压实，以便上下两个圆片更好地黏合在一起，再用叉子在每个馅饼的中间部位扎个小孔，随后，放入烤箱内烘烤25分钟。

蓝莓250克

新鲜山羊奶酪150克

蜂蜜4汤勺

酥皮1份

蓝莓蜂蜜山羊奶酪馅饼

TARTELETTES FINES
AUX MYRTILLES, MIEL ET CHÈVRE

6人份

准备时间：15分钟·烘焙时间：25分钟

首先，将烤箱预热至190℃（调节档6～7档），将蓝莓洗净并沥干水分。

然后，将山羊奶酪和两汤勺蜂蜜搅拌混合。

最后，将酥皮面团铺开，均匀分成6份，在每份面片上放上新鲜的山羊奶酪，并撒上蓝莓。将剩余的蜂蜜浇盖在最上面，随后入烤箱烘烤25分钟。

酥皮2份

甜杏1千克

Maizena® 玉米淀粉1/2
汤勺

甘蔗糖120克

甜杏派
PIE AUX ABRICOTS

8人份

准备时间：20分钟·烘焙时间：40~45分钟

　　首先，将甜杏洗净并切块。烤箱预热至190℃（调节档6~7档）。将第一份酥皮摊平放入圆形馅饼模具底部。

　　然后，将甜杏块和玉米淀粉、糖进行混合，第二份酥皮切成2厘米宽的带状。

　　最后，用水果装饰铺有饼皮的模具，再将切好的酥皮带子覆盖在上面，略微润湿边缘处后，用叉子压紧酥皮使其黏合在一起。随后，入烤箱烤制40~45分钟。

Maizena是欧洲一个淀粉的牌子。

熟梨4个

黄油40克

果仁糖2汤勺

马斯卡彭奶油芝士
4汤勺

果仁糖烤梨

POIRE RÔTIE

AU PRALINÉ

4人份

准备时间：10分钟·烹饪时间：20分钟

首先，将烤箱预热至180℃（调节档6档），梨子去皮，切为两半，剔除中间的果核部分。

然后，将处理好的梨放在烤盘上，梨凸起的一面向下，平面那侧向上。

最后，为摆好的梨子上配上黄油，撒上焦糖果仁碎，入烤箱烘烤20分钟。烤制结束后，搭配马斯卡彭奶油芝士享用。

++

马斯卡彭是意大利的一个奶酪品牌。如果您没有马斯卡彭奶油芝士，可用其他奶油芝士代替。

蛋白酥若干个

新鲜奶油200毫升

糖粉40克

百香果4个

百香果伊顿麦斯杯
ETON MESS
À LA PASSION

4人份

准备时间：10分钟

首先，将蛋白酥压碎成小块。

然后，在鲜奶油中分批加入糖粉，将其打发成香缇奶油，放在一旁待用。

将百香果切开，取出一半的果肉，与香缇奶油混合。

最后，将混合好的百香果奶油、蛋白酥碎和剩余的百香果肉倒入碗中或盛装香缇奶油的玻璃容器中，即可享用。

布列塔尼油酥饼干 4 个

香蕉 2 根（切片）

马斯卡彭奶油芝士
6 汤勺

咸黄油焦糖 4 汤勺

香蕉太妃麦斯
BANOFFEE MESS

4 人份

准备时间：5 分钟

首先，将布列塔尼油酥饼干压碎。

然后，将香蕉去皮并切成圆片。

在玻璃容器或碗中，依次放入布列塔尼脆饼碎、香蕉片、马斯卡彭奶油芝士和焦糖。随后即可享用。

布列塔尼是法国西部的一个地区。如果没有布列塔尼油酥饼干，也可用其他油酥饼干代替。

苹果4个

半盐黄油80克

香草味蔗糖4汤勺

扁桃仁片2汤勺

扁桃仁烤苹果
POMMES RÔTIES

4人份

准备时间：10分钟·烹饪时间：25~30分钟

　　首先，将烤箱预热至170℃（调节档5~6档），苹果洗净，一切两半并剔除中间的果核部分。

　　然后，将切好的苹果放入烤盘内，果皮一侧向下，在每份苹果上放一块黄油、一汤勺香草味蔗糖和扁桃仁片。

　　最后，入烤箱烘烤25~30分钟，随后即可享用。

食用大黄2根

糖60克

原味山羊酸奶150克

杏仁饼干4块

杏仁饼干山羊酸奶
大黄沙拉

RHUBARBE,
YAOURT DE CHÈVRE ET AMARETTI

4人份

准备时间：10分钟·烹饪时间：15分钟

首先，将大黄清洗干净，切成10厘米长的小段。

然后，将糖和400毫升水一起倒入平底锅内，煮至沸腾，并搅拌均匀，随后加入大黄继续煮15分钟。

取出大黄并沥干水分，将糖水混合物继续熬煮直至黏稠成糖浆状。

最后，取一勺山羊酸奶倒在盘子上，并将大黄放在酸奶上，再倒入准备好的糖浆，撒上杏仁饼干碎，便可享用。

++

食用大黄是药用大黄的栽培品种，在欧洲广泛用于制作甜点和馅料，可以在国内网络平台上买到。

白奶酪100克

桑葚250克

糖粉100克

鲜奶油200毫升

桑葚枫丹白露
FONTAINEBLEAU
AUX MÛRES

4人份

准备时间：10分钟

首先，将白奶酪沥干水分。

然后，将桑葚清洗干净（单独拿出若干个，供甜品装饰使用），与40克糖粉搅拌混合，随后将其过滤，去除果酱中的果粒。

将鲜奶油和剩余的糖粉搅打成香缇奶油，再一点一点分批加入白奶酪中。

最后，将准备好的混合物倒入碗或盘子中，撒上桑葚果酱和切成两半的桑葚粒。

++

枫丹白露是法国巴黎大都会地区内的一个市镇。该名由朱自清先生译得，法文原义为"美丽的泉水"。

大颗粒燕麦片 20 克

黑巧克力 300 克

咸黄油焦糖酱 3 汤勺

核桃仁 40 克

燕麦核桃仁焦糖巧克力棒

BARRE CHOCOLAT,
CARAMEL, AVOINE ET NOIX

约 20 厘米 ×30 厘米的一烤盘

准备时间：10分钟 · 烹饪时间：5分钟 · 等候时间：20分钟

首先，将燕麦片在平底锅内干炒5分钟。

然后，将巧克力用小火或微波炉融化，倒入一个铺有油纸的正方形（或长方形）烤盘内，再撒上焦糖、核桃仁和燕麦片。

最后，冷却直至巧克力变硬，根据个人喜好切成条状，即可享用。

想拥有更好的味道，可以在巧克力棒上撒一点法国的盐之花海盐。

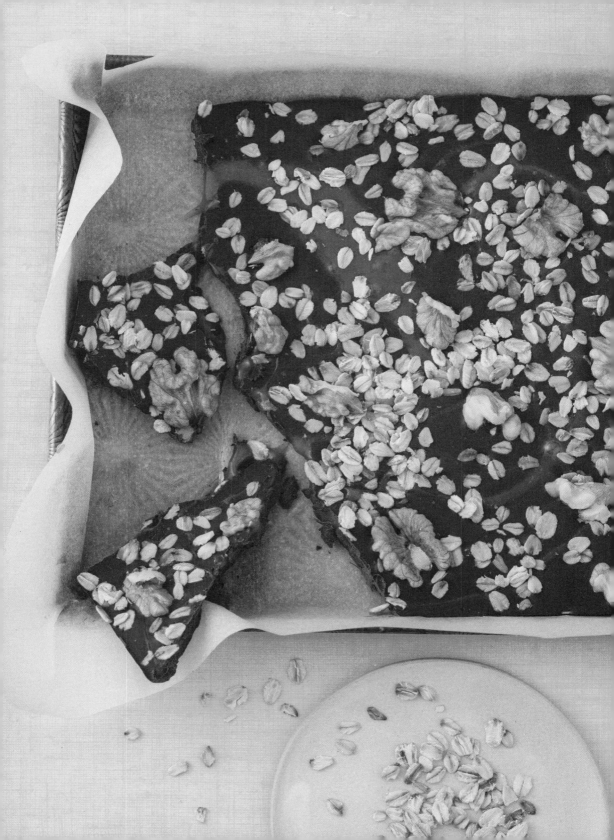

油酥面团1个

果仁糖100克

鲜奶油150毫升

黑巧克力200克＋巧克力屑若干

果仁糖巧克力派

TARTE AU CHOCOLAT
ET AU PRALINÉ

6～8人份

准备时间：20分钟 · 烹饪时间：30分钟 · 等候时间：5分钟

　　首先，将烤箱预热至180℃（调节档6档），油酥面团摊平放入模具底部，并入烤箱烘烤20分钟，直至颜色变白，最后呈金黄色，随即取出。

　　然后，将果仁糖小火融化，并均匀倒入烤好的派坯里，待其自然成型。

　　将鲜奶油煮沸，放入切好的黑巧克力块，盖上盖子，静置5分钟，然后用打蛋器搅拌，使其均匀混合。

　　最后，将准备好的奶糊倒入派中，晾至合适的温度，并撒上巧克力碎屑。

圆的酥油派面团2个
（或长方形酥油派面团1个）

鲜奶油300毫升

糖粉60克

覆盆子250克

覆盆子奶油法式千层酥

MILLEFEUILLE
CHANTILLY-FRAMBOISE

4人份

准备时间：20分钟 · 烹饪时间：25分钟

首先，烤箱预热至190℃(调节档6～7档)。将酥油派面团摊平铺在已准备好的烤盘上，入烤箱烤制25分钟左右，烤制时间过半时，为了使酥皮更为平整，需先取出酥皮，将其压平，挤出内部空气，再继续放回烤箱烤制。

其间，将鲜奶油与糖粉混合，并打发。

然后，将烤制完成的千层酥面皮切成约10厘米长、4厘米宽的带状，再将2/3的千层酥皮搭配上香缇奶油和覆盆子。

最后，将铺有奶油的千层酥条每两个叠落在一起，再将剩余千层酥条放在最上面。随后即可享用。

醇厚可口类甜品

Les moelleux et crémeux

通过水果混合或加工而带来的甜品全都体现在甜品细腻的质地里，
时不时地会将人们带回到甜蜜的童年。

在这里，可以找到你喜欢的全部甜品，如普鲁斯特玛德琳贝壳蛋糕、
牛奶米布丁、奶油鸡蛋、巧克力慕斯、意式奶油布丁、
芝士蛋糕……

布列塔尼油酥饼干4个

鲜奶油200毫升

小瑞士奶酪4个

柠檬凝乳8汤勺

柠檬芝士蛋糕
CHEESECAKE
AU CITRON SANS CUISSON

4人份

准备时间：15分钟 · 等候时间：1小时

    首先，将布列塔尼油酥饼干压碎，分别放入4个杯子底部；将鲜奶油打发成香缇奶油。

    然后，将4个小瑞士奶酪和2汤勺柠檬凝乳进行混合，再用抹刀轻轻地将奶酪混合物加入到已打发完成的香缇奶油中。

    最后，将制作好的奶油分别倒入杯子中，并在每个杯子上放入剩余的柠檬凝乳，随后，入冰箱冷藏1小时，即可享用。

++

小瑞士奶酪的英文名为petit suisse。如没有小瑞士奶酪，可用其他奶酪代替。

草莓250克

糖粉3汤勺

香草荚半根

香草味奶油草莓沙拉

SALADE DE FRAISES
ET CHANTILLY À LA VANILLE

4人份

准备时间：15分钟

首先，将草莓洗净并去除果蒂部分，随后撒上一汤勺糖粉，放入冰箱保鲜。

然后，打开香草荚，取出香草籽，将香草籽和冷藏的鲜奶油一起放入搅拌碗中。

将其打发成香缇奶油，然后分批加入糖粉直至奶油变得坚挺硬实。

最后，用草莓搭配香缇奶油一起食用。

鲜奶油200毫升

混合红浆果300克

糖粉70克

鲜奶油400毫升

指状饼干1盒(25个)

红浆果奶油布丁
CHARLOTTE
AUX FRUITS ROUGES

6～8人份

准备时间：30分钟 · 等候时间：3小时

首先，将60克红色浆果、10克糖粉和150毫升水搅拌混合。

然后，将糖粉分批加入鲜奶油中，并将鲜奶油打发成香缇奶油。

将指状饼干浸入红浆果果酱中，随后取出并依次摆放在布丁模具底部和四周。

取一半的香缇奶油放入模具中，然后放上红色浆果，再覆盖上剩余的一半奶油。

将剩余的指状饼干铺在奶油上面，再用盖子或食品保鲜膜将模具密封好，放入冰箱冷藏至少3小时。

最后，将模具倒置并脱模，随后即可享用。

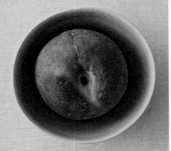

熟桃子4个

糖40克

罗勒2根

柠檬1个

罗勒糖水蜜桃
PÊCHES POCHÉES
AU BASILIC

4人份

准备时间：10分钟·烹饪时间：20分钟·等候时间：30分钟

　　首先，将桃子清洗干净，平底锅内倒入糖，并加入1升水。

　　然后，将罗勒叶和柠檬汁一同倒入平底锅内，煮至沸腾，再加入带皮桃子。

　　用文火熬煮10分钟后，关火，桃子继续浸泡在糖水中直至冷却。

　　最后，将桃子连同一半的糖水放入冰箱中冷藏。另一半糖水则在过滤后倒入长柄平底锅内继续熬煮，熬至只剩下1/2的糖水，关火，自然冷却。再取出冷藏的桃子配以熬制后的浓缩糖水食用。

新鲜鸡蛋3个

糖60克

香草精1咖啡勺

杏仁奶500毫升

杏仁奶香草奶油
CRÈME À LA VANILLE
AU LAIT D'AMANDE

6个陶罐

准备时间：5分钟·烹饪时间：25分钟

首先，将3个鸡蛋、糖、香草精和杏仁奶一起打发。烤箱预热至180℃(调节档6档)。

然后，将准备好的混合物一起倒入烘烤罐中，用水浴法在烤箱中烘烤25分钟。

最后，将其取出，待完全冷却后，放入冰箱冷藏，随后方可品尝享用。

++

水浴法，即先在一个大容器里加入水，然后把要加热的容器放入加了水的容器中。

蛋白酥1大块

鲜奶油200毫升

香草糖1袋
（5～10克）

栗子奶油酱4汤勺

即食蒙布朗
MONT-BLANC MINUTE

4人份

准备时间：10分钟

首先，将蛋白酥压碎。

然后，在鲜奶油中分批加入香草糖，打发成香缇奶油。

最后，将香缇奶油和栗子奶油酱快速混合在一起，但并非完全混合，随即加入蛋白酥，进行再次混合。完成后即可享用。

芒果1个

明胶2片

椰子奶油600毫升

糖50克

芒果椰子奶油布丁
PANNA COTTA
COCO-MANGUE

4人份

准备时间：10分钟·等候时间：3小时

首先，将芒果去皮，切下果肉，并将一半的果肉进行搅拌。剩余一半果肉切成小丁，放入4个小碗的底部。将明胶片浸泡在盛有凉水的大碗中。

然后，将一半的椰子奶油和糖一起加热，并均匀混合，随后将沥水后的明胶片放入热奶油中，搅拌使之均匀混合。

再加入剩余的奶油，继续搅拌后倒入已放好芒果丁的小碗中，放入冰箱冷藏3小时以上。

最后，将奶油布丁配以芒果酱享用。

樱桃300克

糖3汤勺

开心果仁2汤勺

希腊酸奶200克

希腊酸奶配炒制樱桃

YAOURT GREC
ET POÊLÉE DE CERISES

4人份

准备时间：10分钟·烹饪时间：5分钟

首先，将樱桃清洗干净，然后一切两半，去除中间的果核。

然后，将2汤勺糖和樱桃放入长柄平底锅内，一起炒制5分钟。将开心果仁压碎待用。

最后，将剩余的糖和酸奶进行混合并倒入碗中，随后撒上微温的樱桃和开心果碎，即可享用。

++

希腊酸奶是普遍于希腊家庭的传统美食。希腊酸奶含水分较少，口感丰富，较普通酸奶蛋白质含量高。希腊酸奶一般在大型超市里有卖，如果没有，可用其他高浓度酸奶代替。

杏仁奶 500 毫升

覆盆子 125 克

糖 50 克

珍珠西米 50 克

覆盆子杏仁奶西米露

TAPIOCA
AU LAIT D'AMANDE ET À LA FRAMBOISE

4 人份

准备时间：5分钟 · 烹饪时间：20分钟

首先，将杏仁奶、200毫升水、一半的覆盆子和糖一同煮沸。

然后，将珍珠西米倒入杏仁奶中并搅拌均匀，随后用文火继续熬煮15~20分钟，直至珍珠西米变至半透明状，并均匀混合。

最后，将熬煮好的西米露倒入玻璃杯或小碗中，再放上覆盆子。待冷却后即可享用。

意式特浓咖啡2杯

马斯卡彭奶油芝士
250克

椰子糖浆60克

小黄油饼干12块

咖啡奶油杯
CRÉMEUX AU CAFÉ

4人份

准备时间：15分钟·等候时间：4小时

首先，准备好意式特浓咖啡并冷却待用。

然后，将马斯卡彭奶油芝士同椰子糖浆一起搅拌打发，小黄油饼干浸入咖啡中，将打发后的奶油芝士和浸泡后的小黄油饼干交替分层放置在玻璃杯中。

最后，将杯子放入冰箱中冷藏4小时以上，随后取出，趁鲜享用。

黑巧克力160克

鸡蛋4个

糖粉40克

阿玛蕾娜樱桃
20个左右

樱桃巧克力慕斯

MOUSSE AU CHOCOLAT
AUX CERISES AMARENA

4人份

准备时间：15分钟·烹饪时间：2分钟·等候时间：2小时

首先，将巧克力用微波炉或炉灶开小火融化，其间，需要在一旁监看融化情况，融化后的巧克力放在一旁晾至微热待用。

然后，取出4个鸡蛋，打破并分离出蛋白和蛋黄，先把蛋黄和糖粉搅拌打发，再加入融化的巧克力继续搅拌打发。

将蛋白打发至雪花状，取一勺放入之前打发好的巧克力蛋黄混合物中，并使之更好地融合在巧克力混合物里，随后，将剩余的蛋白轻轻放入巧克力混合物中。

再加入一半已切好的阿玛蕾娜樱桃，轻轻地进行混合，然后将准备好的慕斯倒进小罐子里。

最后，在慕斯上面放若干个樱桃，并将慕斯杯放入冰箱冷藏至少2小时。

++

阿玛蕾娜樱桃是意大利法布芮（FABBRI）的创始产品，至今已有100多年的历史。

香草荚1根

全脂牛奶1升

圆粒米120克

糖50克

牛奶米布丁
RIZ AU LAIT

4人份

准备时间：10分钟 · 烹饪时间：30～35分钟

首先，用刀竖着剖开香草荚并取出香草籽。

然后，将牛奶倒入平底锅内，加入香草荚和香草籽并煮沸。

在牛奶微微沸腾之前，加入米和糖，轻柔搅拌并使之在文火下煮制25～30分钟。

最后，捞出香草荚，将煮好的牛奶米布丁盛入小碗或烘烤罐，在微热或稍凉时品尝享用。

可可油酥饼干1盒

奶油芝士650克
（卡夫菲力品牌奶油
芝士）

糖120克

鸡蛋4个

重芝士蛋糕
CHEESECAKE CRÉMEUX

6～8人份

准备时间：20分钟·烹饪时间：1小时·等候时间：1晚

　　首先，将烤箱预热至140℃(调节档4～5档)。

　　然后，将可可油酥饼干和50克奶油芝士混合，并铺在可脱底的圆形模具底部或覆盖在有油纸的烤盘上。

　　将剩余的奶油芝士和糖搅拌打发，随后依次加入4个鸡蛋继续打发，直至混合物呈现醇厚的奶油状。

　　将打发好的奶油芝士混合物倒入已准备好的烤盘中，随后入烤箱烤制1小时。

　　最后，将烤好的芝士蛋糕彻底晾凉，随后放入冰箱冷藏过夜。

Maizena® 玉米淀粉20克

全脂牛奶400毫升

焦糖白巧克力100克

蛋黄3个

巧克力熔岩奶油杯
CRÈMES FONDANTES
AU CHOCOLAT BLANC CARAMÉLISÉ

4份奶油杯
准备时间：10分钟 · 烘焙时间：8分钟 · 等候时间：4小时

首先，将玉米淀粉和4汤勺牛奶混合待用。将剩余牛奶倒入平底锅内并用文火煮沸。

然后，将巧克力擦丝（可可含量32%的法芙娜巧克力）并放入沙拉盆中，再将煮沸的牛奶从上面倒入盆中，覆盖上巧克力屑后静置5分钟。

先将蛋黄搅拌打发，再加入玉米淀粉并搅拌混合。整个搅拌过程需使用手动打蛋器完成。打发完成后，再慢慢倒入巧克力牛奶。

将全部的混合物一起倒入平底锅内，并用文火加热，直至混合物变得稠厚，时长约5分钟。

最后，再将熬制好的混合物倒入小罐中并晾凉，随后放入冰箱冷藏4小时以上。

冰爽类甜品
Les glacés

不同的温度能够带来拥有更丰富口感且征服味蕾的甜品。

如果你的甜品不仅仅有冰淇淋，
那么你的客人将会在混有不同口感和温度的餐食中体验完美的品尝
之旅。

速冻红浆果600克

甘蔗糖浆160克

香草粉1咖啡勺

鲜奶油100毫升

红浆果奶油即食冰淇淋

GLACE MINUTE

FRUITS ROUGES ET CRÈME

4～6人份

准备时间：5分钟

　　首先，用自动搅拌棒将速冻红浆果和甘蔗糖浆、香草粉、鲜奶油搅拌混合直至均匀。

　　然后根据需要，适量加入鲜奶油。

　　最后，可以即刻享用或将其放入冰箱急冻室内，冷冻5分钟后取出品尝。

无花果12个

糖2汤勺

酸奶冰淇淋0.5升

芝麻1咖啡勺

无花果酸奶冰淇淋
POÊLÉE DE FIGUES
ET GLACE AU YAOURT

4人份

准备时间：10分钟·烹饪时间：5分钟

首先，将无花果清洗干净并切成2块或4块。

然后，将无花果块和糖一起放入平底锅内，翻炒几下后让其醒几分钟。享用时，再配上酸奶冰淇淋，撒上芝麻粒。

香蕉3根（切片）

扁桃仁片2汤勺

蓝莓4汤勺

巴西莓果泥150克
（在有机食品店购买）

巴西莓水果杯
ACAÏ BOWL

4人份

准备时间：10分钟 · 冷冻时间：1晚 · 烹饪时间：2分钟

　　提前一晚将香蕉去皮并切成圆片，放入冰箱冷冻一晚。

　　次日，将扁桃仁片放入平底锅内，不放油干煸若干分钟。

　　蓝莓冲洗干净待用，将速冻香蕉和巴西莓果泥搅拌混合。

　　最后，将准备好的混合物放入碗中，并搭配上蓝莓和炒制好的扁桃仁片。随后即可享用。

巴西莓的抗氧化能力是红石榴的33倍。因为巴西莓只生长在巴西热带雨林，所以我们只能在超市或电商平台购买加工好的巴西莓果泥或果粉。

鸡蛋3个

咸黄油焦糖6汤勺

稀奶油500毫升

蛋白酥数个

焦糖黄油冰淇淋蛋糕

SEMIFREDDO
AU CARAMEL AU BEURRE SALÉ

6人份

准备时间：20分钟·冷冻时间：1晚

首先，将鸡蛋打破，分离出蛋黄和蛋白。搅打蛋黄直至颜色变白，再加入一半的焦糖进行混合。

然后，将蛋白部分搅打至雪花状，呈坚挺硬实的质地，再慢慢加入混有焦糖的蛋黄糊。

将奶油打发至香缇奶油，然后用抹刀将其慢慢注入已准备好的混合物中，并将蛋白酥压碎。

最后，将混合好的奶油蛋糊倒入带有食品保鲜膜的盘中或6个独立模具中，再放上蛋白酥碎块，将剩余的奶油蛋糊倒在最上面，放入冰箱冷冻一晚。

半捆罗勒叶
（半捆约为50克）

青柠檬1个

熟菠萝1个

糖2汤勺

罗勒青柠檬菠萝冰沙
GRANITÉ D'ANANAS
AU BASILIC ET AU CITRON VERT

4人份

准备时间：10分钟 · 冷冻时间：4小时

首先，将罗勒叶清洗干净后切碎，柠檬去皮，果肉榨汁后一旁待用。

然后，将菠萝去皮，剔除中心部分，果肉切块，和糖一起放入搅拌机中，再加入150毫升水、柠檬皮、柠檬汁和罗勒叶，一起搅拌。

最后，将混合好的成品放入冰箱内冷冻4小时以上，其间，要定时取出进行翻拌直至形成冰沙状。在冰沙定型后方可享用。

冰淇淋球4个

开心果仁2汤勺

圆形油酥饼干8个

樱桃果酱2汤勺

开心果樱桃奶油冰淇淋
ICE CREAM
COOKIES, PISTACHES ET CERISE

4个三明治大小

准备时间：15分钟·冷冻时间：1小时

　　首先，搅拌冰淇淋使其软化，将冰淇淋在盘子里摊开约3厘米高的厚度，随后，放入冰箱冷冻1小时。其间，将开心果仁压碎。

　　然后，在饼干上涂抹樱桃果酱。

　　使用同饼干大小一样的切割器，将冰淇淋切割成4个圆柱，再将切割好的冰淇淋夹在两片饼干之间。

　　最后，将饼干的四周粘满开心果仁，随后即可享用。

草莓冰糕0.5升

法式小泡芙12个
（在面包店购买）

鲜奶油200毫升

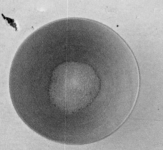

香草糖2袋
（1袋约5～10克）

草莓冰糕法式小泡芙
CHOUQUETTES,
SORBET FRAISE ET CHANTILLY

4人份

准备时间：10分钟

　　首先，用冰淇淋勺取出12个草莓冰糕小球，并将其放入冰箱冷冻保存，直至使用前再取出。

　　然后，将小泡芙横切为上下两部分。

　　在鲜奶油内分批加入香草糖，打发成香缇奶油。奶油打发至纹路坚挺硬实，再放入配有裱花嘴的裱花袋中。

　　最后，在每个泡芙的下半部分放上草莓冰糕球和香缇奶油，再将上半部分覆盖在上面。随后即可享用。

黄油60克

布里欧修面包4片

蓝莓200克

红浆果冰淇淋球4个

浆果冰淇淋布里欧修
BRIOCHE DORÉE,
MYRTILLES POÊLÉES ET GLACE AUX FRUITS ROUGES

4人份

准备时间：10分钟·烹饪时间：8分钟

首先，取一半的黄油放入长柄平底锅内融化，再将布里欧修面包片每面均匀沾满黄油，在平底锅内煎至两面呈金黄色。

然后，将平底锅擦拭干净，放入剩余的黄油使其融化，并在其充分加热后放入蓝莓，醒5分钟。

最后，在每片布里欧修面包上放一个冰淇淋球和若干炒制后的蓝莓。

++

布里欧修是非常著名的法国面包，用大量鸡蛋和黄油制成，外皮金黄酥脆，内部超级柔软。

芒果1个（切片）

香蕉1根（切片）

椰子冰淇淋球4个

百香果2个

椰子冰淇淋果盘
PETIT FRUITÉ
BANANE-MANGUE, GLACE COCO ET FRUIT DE LA PASSION

4人份

准备时间：10分钟

　　首先，将芒果和香蕉分别去皮并切片，切好的水果片先各取出一部分待用，再将剩余部分搅拌混合。

　　然后，将混合好的果泥倒入碗中，再加入冰淇淋球、百香果果肉和留用的芒果及香蕉果肉。

　　做好后，可即刻享用。

拓展
Pour aller plus loin

所有这些配方做出来的甜品都很美味，但为什么不添加一点额外的风味使甜品更精致呢？为了使甜品更令人惊艳，建议以下甜品分别添加如下原料：

覆盆子帕芙洛娃蛋糕

开心果或百香果果肉

桃子酥皮甜点

白巧克力块或罗勒

红醋栗杏仁香味蛋白酥

香草或覆盆子

香蕉果仁糖碧根果馅饼

香缇奶油或肉桂

蓝莓蜂蜜山羊奶酪馅饼

扁桃仁片或柠檬百里香

甜杏派

桃子或扁桃仁

果仁糖烤梨子

香草冰淇淋或熔岩巧克力

百香果伊顿麦斯杯

芒果或椰肉碎片

香蕉太妃麦斯

巧克力屑或碧根果仁

扁杏仁烤苹果

香草冰淇淋或酸奶

杏仁饼干山羊酸奶大黄沙拉

草莓冰糕或覆盆子

桑葚枫丹白露

炒松子仁或覆盆子冰糕

燕麦核桃仁焦糖巧克力棒

巧克力块或饼干块

果仁糖巧克力派

香草冰淇淋或焦糖

覆盆子奶油法式千层酥

红浆果果酱或开心果碎

柠檬芝士蛋糕

青柠檬或1/4的葡萄柚

香草味奶油草莓沙拉

覆盆子或黑加仑

红浆果奶油布丁

红浆果果酱或草莓冰糕

罗勒糖水蜜桃

香缇奶油或开心果冰淇淋

杏仁奶香草奶油

焦糖或巧克力屑

即食蒙布朗

蓝莓或黑加仑

芒果椰子奶油布丁

百香果或香草

希腊酸奶配炒制樱桃

覆盆子或龙蒿

覆盆子杏仁奶西米露

新鲜草莓或成熟的玫瑰花瓣

咖啡奶油杯

椰蓉或巧克力屑

樱桃巧克力慕斯

饼干碎或黑巧克力屑

牛奶米布丁

芒果酱或焦糖或咸黄油

重芝士蛋糕

榛仁巧克力屑或焦糖酱

巧克力熔岩奶油杯

猫舍饼干或焦糖酱

红浆果奶油即食冰淇淋

新鲜红浆果或香缇奶油

无花果酸奶冰淇淋

一小撮肉桂或油酥粒

巴西莓水果杯

红枸杞或石榴

焦糖黄油冰淇淋蛋糕

碧根果仁或扁桃仁

罗勒青柠檬菠萝冰沙

一根香蕉或百香果

开心果樱桃奶油冰淇淋

熔岩巧克力或香草冰淇淋

草莓冰糕法式小泡芙

覆盆子或红浆果果酱

浆果冰淇淋布里欧修

香缇奶油或覆盆子

椰子冰淇淋果盘

新鲜椰蓉或椰子糕点

图书在版编目（CIP）数据

4种食材搞定烘焙甜品 /（法）卡洛琳·费雷拉编著；
张蔷薇译. —北京：中国农业出版社，2020.7
（全家爱吃快手健康营养餐）
ISBN 978-7-109-26683-4

Ⅰ．①4… Ⅱ．①卡… ②张… Ⅲ．①甜食－食谱
Ⅳ．①TS972.134

中国版本图书馆CIP数据核字（2020）第044135号

Desserts
©First published in French by Mango, Paris, France-2017
Simplified Chinese translation rights arranged through Dakai-L'agence

本书中文版由法国弗伦吕斯出版社授权中国农业出版社独家出版发行，本书内容的任何部分，事
先未经出版者书面许可，不得以任何方式或手段刊登。

合同登记号： 图字 01-2019-6732 号

策　划：张丽四　王庆宁
编辑组：黄　曦　程　燕　丁瑞华　张　丽　刘昊阳　张　毓
翻　译：四川语言桥信息技术有限公司
排　版：北京八度出版服务机构

4种食材搞定烘焙甜品
4 ZHONG SHICAI GAODING HONGBEI TIANPIN

中国农业出版社出版
地址：北京市朝阳区麦子店街 18 号楼
邮编：100125
责任编辑：刘昊阳　杜　然
责任校对：赵　硕
印刷：北京缤索印刷有限公司
版次：2020 年 7 月第 1 版
印次：2020 年 7 月北京第 1 次印刷
发行：新华书店北京发行所
开本：710mm×1000mm　1/16
印张：6
字数：100 千字
定价：39.80 元